北大
数学教授
给孩子的数学
思维课

张顺燕/主编　　智慧鸟/绘

数学e+

冒险日记
夏令营里的阴谋

10分钟爱上数学

南京大学出版社

图书在版编目（CIP）数据

夏令营里的阴谋 / 张顺燕主编；智慧鸟绘. -- 南
京 : 南京大学出版社，2024.6
 （数学巴士. 冒险日记）
 ISBN 978-7-305-27559-3

 Ⅰ．①夏… Ⅱ．①张… ②智… Ⅲ．①数学—儿童读
物 Ⅳ．①O1-49

中国国家版本馆CIP数据核字（2024）第016006号

出版发行	南京大学出版社
社　　址	南京市汉口路22号　　邮　编　210093
策　　划	石　磊

丛 书 名	数学巴士·冒险日记
	XIALINGYING LI DE YINMOU
书　　名	夏令营里的阴谋
主　　编	张顺燕
绘　　者	智慧鸟
责 任 编 辑	刘雪莹
印　　刷	徐州绪权印刷有限公司
开　　本	787mm×1092mm　1/12开　印张 4　字数100千
版　　次	2024年6月第1版
印　　次	2024年6月第1次印刷
ISBN	978-7-305-27559-3
定　　价	28.80元

网　　址	http://www.njupco.com
官 方 微 博	http://weibo.com/njupco
官方微信号	njupress
销售咨询热线	(025)83594756

数学巴士成员

洁莉

艾妮

多普

玛斯老师

怪博士

麦基

迪娜

玛斯老师： 活力四射，充满奇思妙想，经常开着数学巴士带孩子们去冒险，在冒险途中用数学知识解决很多问题，深得孩子们喜爱。

多普： 观察力强，聪明好学，从不说多余的话。

迪娜： 学习能力强，性格外向，善于思考，总是会抢先回答问题，好胜心强。

麦基： 大大咧咧，心地善良，非常热心，关键时候又很胆小。

艾妮： 柔弱胆小，被惹急了会手足无措，不停地哭。

洁莉： 艾妮最好的朋友，经常安慰艾妮，性格沉稳，关键时刻总是替他人着想。

怪博士： 活泼幽默，学识渊博，关键时刻总能帮助大家渡过难关。

数学巴士： 一辆神奇的巴士，可以自动驾驶，能变换为直升机模式、潜水艇模式等带着孩子们上天下海，还可以变成徽章模式收纳起来。

夏令营的第一天，玛斯老师驾驶着直升机模式的数学巴士，带领我们前往地球上神秘的"生命王国"——亚马孙雨林。

一想到这次夏令营会和土著部落的居民一起度过，大家都有些迫不及待了。

数学巴士平稳地降落在亚马孙河边的一块空地上。车门刚打开，我们就争先恐后地蹦了下来。

在丛林里随时可能碰到危险。和向导奎帕碰头之前，大家在原地待着别动。

不过，真是担心什么来什么。

哇，青蛙竟然可以长得这么好看！怪博士，我们把它捉回去当宠物好不好？

别碰它！那是箭毒蛙，它发射一次的毒液就足以杀死10个成年人。

奎帕向导，你来得很准时。

走喽，我们现在就去部落，和参加夏令营的其他成员会合。

奎帕叔叔，你腰上的绳结是做什么用的呀？

古老的"密码"
结绳记事

远古时期还没有发明文字，但人们在劳动和生活中有了记事的需要，于是就采用在绳子上打结的方式对事件和数字进行记录。如每捉到一只猎物，就在绳子上打一个结，并通过绳子的不同粗细、长短，以及结的不同大小，甚至给绳子染不同的颜色，来表示不同的含义。

结绳记事的方法不仅在远古时代使用，一些地方至今还在沿用。

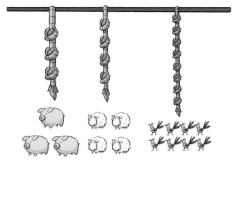

奎帕向导把我们带到了一个部落，在部落门口迎接我们的是他的妻子和女儿。

这是参加夏令营的另一队师生，来自英国。

我叫坦图。各位放好行李就请到我家来玩吧！

奎帕叔叔的家和想象中有点不一样呢。

这是那位英国来的老师卫斯理送给我爸爸的座钟。

上面的数字有些奇怪啊。

那是罗马数字。

罗马数字

大约两千五百年前，古罗马人用手指作为计数工具，他们分别伸出1、2、3根手指来表示1、2、3个物体，表示5个物体就伸出一只手，表示10个物体就伸出两只手。

古罗马人还在羊皮上画出Ⅰ、Ⅱ、Ⅲ代替手指数来记录1、2、3。4可以用Ⅲ或者Ⅳ表示，后来为了节省空间，多用Ⅳ来表示。5写成Ⅴ，表示大拇指与食指张开的形状。一个正立的Ⅴ，加上一个倒立的Ⅴ接在一起是Ⅹ，就是古罗马人写出来的10。罗马数字中没有0。

现在的钟表、日历、书的章节和页码上，仍然可以时常看到罗马数字的身影。

Ⅰ	······ 1
Ⅱ	······ 2
Ⅲ	······ 3
Ⅳ	······ 4
Ⅴ	······ 5
Ⅵ	······ 6
Ⅶ	······ 7
Ⅷ	······ 8
Ⅸ	······ 9
Ⅹ	······ 10

数是怎么来的

数字是我们生活里不可缺少的工具，它们是怎么来的呢？

以一个原始部落为例：早晨人们要赶 9 头牛去吃草，为了确定晚上赶回来的还是 9 头牛，就用石子的个数表示牛的数量，有 9 头牛就在口袋里放 9 颗石子。

这就是数字发展历程中的第一个阶段——配对。

配对时，有可能石子和牛数量一样，也可能石子比牛多或者少。在配对的基础上，就发展到了第二阶段——比较。

第三阶段是数字的命名。

各个数字都有了名字，人们就对数字进行排序，这就是数字的第四阶段。

最后一个阶段就是数数。

0、1、2、3、4、5、6、7、8、9、10……

14

趣味指算

小朋友，当你学会了指算法，我们的手指就能当"计算器"使用了。

右手为个位数，左手为十位数。食指、中指、无名指、小指叫群指。一个拇指代表5，其余四个群指分别代表1，握拳表示0。

1		**6**	
2		**7**	
3		**8**	
4		**9**	
5		**10**	

93

算一算：21+11= ？

32

零不只是没有

0

零的起源有一种说法：在大约两千年前，印度人开始用一个点或者一个小圆圈的符号来表示零，后来阿拉伯人跟着使用，并把它传到了全世界。

零可不只是代表没有。无论是表示跑道的起点、称重量的起点、测距离的起点，还是水结成冰的临界温度等，都要靠它。

温度计上，零摄氏度意味着天气寒冷，水开始结冰。

做生意的商人们，用零来代表没有赚钱也没有赔钱。

零还有很多特殊的意义等待我们学习。

我们又被带到了木薯地里。

我们挖出的木薯会被用来制作煎饼。

磨呀磨
磨成浆

摊成饼

17

比零还小的数

零并不是最小的数字，比它小的数有很多。这些数都带着一个"-"号，叫做负数。

同学们去商场的时候，会发现电梯上显示着 -1、-2，代表地下一层和地下二层。-1 和 -2 就是负数。

负数在生活里非常有用，比如温度计上在零刻度以下，出现的数字越大，就代表天气越冷。

负数经常被用来表示水的深度。海平面相当于标尺中的零刻度，比海平面低的都是负值。世界上最深的海沟是马里亚纳海沟，它的最深处约 -11034 米。

把这些项链卖给游客，是我们土著居民的一项收入来源。

我曾经有一次在集市上卖出10条自己编的项链，赚了不少钱呢！

10条？坦图姐姐，那你欠我的3块钱怎么还不还呀？

还钱！还钱！

啊？这……

可我口袋里钱的金额是零——连一块硬币也没有。

不对，你真正有的钱比零还要少。因为你还欠着奥马哈3块钱呢。

太穷了！太穷了！

怒火中烧

刻痕计数

　　远古时代，人们为了记录狩猎时捕获的猎物数量，会在木棒或动物的骨头上刻痕来计数。

　　在非洲斯威士兰王国的洞穴里，考古学家发现了一块有29道刻痕的动物的骨头，经研究确认是一块狒狒腓骨，来自约三万五千年前。这是迄今为止发现的人类最早的计数工具。

　　考古学家又在捷克斯洛伐克发现了一根有刻痕的狼骨，这根狼骨距今约三万年。

　　考古学家在非洲刚果，在靠近尼罗河源头的伊尚戈也发现了有刻痕的骨头。在火山爆发掩埋该地区之前，这里曾是大量旧石器时代晚期人的家园。人们称这些残骨为伊尚戈骨，是两万多年前人类用来计数的。

我们7个人和英国队的5个人被分在2条船上，前往捕鱼的地方。

哗啦啦

哗啦啦

奎帕和尼莫捉起鱼来既快又轻松。

轮到我们自己时，却是状况百出……

不过，今天我们的运气都挺不错。最后我们满载而归。

孩子们，等靠岸了，你们要称量和计算捉到的鱼平均每条有多重哟。

统计学中的平均数

同学们，你的身高在班级里是平均数吗？

平均数既不是群体里最高的，也不是最低的，而是介于两者中间。

当平均数用来指大多数，此时的平均数就是众数。比如捕来的鱼大多数是 5 千克，5 千克就是众数。

除了众数，最常用到的平均数还有两种：中位数和算术平均数。

如果把一个群体按照次序排列，比如把捕到的鱼从最轻的排到最重的，排在中间的鱼的重量就是中位数。

迪娜说他们捕到的鱼的平均重量是 3 千克，这个重量就是算术平均数。

倒推法

在解有些应用题的时候，顺向进行推理比较困难，或者计算起来很烦琐。但如果从最后的结果出发，从后面往前一步步推算则要方便得多。这种方法就叫倒推法。

倒推法又叫还原法、逆推法，是一种常用的解题方法。

酋长的年龄可以这么算：酋长说年龄的时候，最后一步是除以3得100岁，这说明除以3以前是100×3=300。加上50等于300，那不加之前就是300-50=250。同理，不乘5之前就是250÷5=50，不减30就是50+30=80。

通过这样逐步倒推的方法，就得出酋长的年龄是80岁，即（100×3-50）÷5+30=80（岁）。

一打

一打指 12 个，是一种 12 个单位的计量标准，即十二进制，如 12 支铅笔称为一打铅笔。

为什么规定一打为 12 个呢？因为 12 可以被 6、4、3、2 整除，在生活中运用起来方便、好分配。

据说在中世纪的英国，如果你说买一打面包，面包师会在给你 12 个的基础上再加 1 个。这并不是因为他们的一打是 13 个，而是因为当时如果面包缺斤少两，会受到很严重的惩罚。为了避免出现这种情况，面包师情愿在一打的基础上，再多送 1 个。

估算

　　日常生活中，很多跟数字有关的数学问题并不需要那么精确，有一个大概的数值就可以，比如从家到学校需要 10 分钟左右就是一个大概的时间。

　　很多时候估算必不可少：超市要估算每天能卖多少海鲜、水果、肉等，防止准备太多，卖不掉坏掉，或者准备少了出现断货的情况；学校的食堂要估算有多少同学来吃午餐，防止做多了食物吃不完，或者准备少了有同学要饿肚子。

　　估算很考验综合思考能力，对于我们提升细致观察的能力、解决实际问题也很有帮助。

天快亮的时候，火被成功扑灭了，部落和大家都安然无恙。

我回来了！

我们在这里！

老师，辛苦了！

身体上的数字

成年人的心脏每分钟跳动60~100次，一天要跳动大约10万次，小朋友的心跳要稍快一些。酋长已经80岁了，他的心脏已经跳动了大约29亿次。

动物界的各种动物们，心跳频率差别很大，一般来说动物的块头越大，心率越慢。大块头的弓头鲸，每分钟心跳数约有20次；小巧的蜂鸟，每分钟心跳却可以达到约1200次。

除了心脏，我们人类的身体上还有很多数字。比如人体正常的体温是在36℃至37℃之间，一个人共有600多块肌肉，有206块骨头，有28~32颗牙齿等。有一个用数字命名的器官——十二指肠，约25厘米长，过去人们认为这相当于12根横指并列起来的宽度，其名称便由此而来。

37

笔记中记载着，日月同数的那一天，位置隐蔽的印加黄金城就会重见天日。

我们确实听说过黄金城，传说它位于亚马孙密林深处，即使是我们这些印加帝国的后裔也并不知道它的确切位置。

印加帝国的黄金城？原来是为了这个！

卫斯理可不是这样想的，他坚信你们一定知道。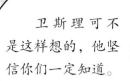

日月同数

　　每个月都会有月份和日期数字相同的一天，比如2月2日、5月5日、8月8日等。一年里这样"日月同数"的天数总计有12天。有意思的是，这12天里，有好几天的星期数也是相同的，比如2024年的4月4日是星期四，6月6日、8月8日、10月10日、12月12日也都是星期四。而3月3日是星期日，5月5日、7月7日也都是星期日。

　　为什么会出现这种神奇的星期数相同的"撞车"事件？

　　这是因为，大部分相邻的两个月有31天和30天，比如从4月4日到6月4日，正好经过2个月。4月有30天，5月有31天，也就是经过了61天。而从6月4日到6月6日要经过2天，总计经过61+2=63天。

　　因为63可以被7整除，所以4月4日和6月6日对应的星期数相同。

破译数字密码

　　妈妈打算生日的时候送你一份礼物，却没有直接把礼物给你，而是把它藏在了一个隐蔽的地方，需要你自己找出来。

　　不过你不用翻箱倒柜、漫无目的地到处乱翻，因为妈妈还给你留下了一张写着密码的纸条，你可以通过它知道存放礼物的地方到底在哪里。

　　纸条上的密码是用数字表示的，分别为4.3-6.5-7.8-1.7-3.5-6.2。这些数字密码和右边的汉字密码表有关。如第一组数字密码4.3，4和3这两个数字分别表示的是汉字密码表的横排和竖排，也就是行和列。而横排和竖排数字交汇处的汉字就是你要找的密码，比如4.3就是"地"字。

　　根据这个规律，把剩余的5组数字密码所指向的汉字都找出来，你就能清楚地知道礼物的下落。

（接右页）

43

作者简介

张顺燕，北京大学数学科学学院教授，主要研究方向：数学文化、数学史、数学方法。

1962 年毕业于北京大学数学力学系，并留校任教。

主要科研成果及著作：

发表学术论文 30 多篇，曾获得国家教委科技进步三等奖。

《数学的思想、方法和应用》

《数学的美与理》

《数学的源与流》

《微积分的方法和应用》

小数学家训练营

1.结绳记事：

如果你捡到一串古人狩猎时用来记事的结绳，黑色大结代表熊，黑色小结代表野猪，棕色大结代表鹿，棕色小结代表野兔，白色大结代表山羊，红色小结代表野鸡，那古人们在这次狩猎中捕获了几种猎物？数量分别是多少？

2.罗马数字

我们已经知道，罗马数字里 I 是1，II 是2，III 是3，V 是5，X 是10。罗马数字18写出来是XVIII，也就是把18拆分成10+5+3，然后分别写出10、5和3对应的罗马数字，就得到18的罗马数字写法，那你能否尝试着写出罗马数字里的27？

3.负数

云朵、皮皮与兰兰比高矮，兰兰身高145厘米，超过兰兰身高的记为正数，没有达到的记为负数。皮皮身高149厘米，用+4来表示。云朵高139厘米，应该表示为多少？

4.平均数

小梦前三次考试的平均分为92分，第四次为96分，他四次考试的平均分是多少？

5.倒推法

雪儿问小姨的年龄，小姨笑着说："把我的年龄减7，然后乘以4，加98，再除以2，就是99岁啦。"雪儿小姨到底多少岁？

6.一打

妈妈买了8打铅笔，让飞飞以最多的数量平均分给7个孩子，多余的飞飞可以留下自用。请问每个孩子可以分到几支铅笔？飞飞可以留下几支自用？

7.估算

"五一"长假期间，某旅行社组织了几个旅游团，具体情况如下：凤凰古城389人，华山298人，稻城亚丁502人，八达岭长城617人，黄果树瀑布415人。如果每个团的人数都按整数估算，该旅行社"五一"长假期间共接待约多少人？

8.数字密码

木木接到一个神秘的任务，要将包裹送至指定的地方，地址就在下面的密码中，你知道地址是什么吗？

C4-E1-D6-A3-B5

	1	2	3	4	5	6
A	江	场	四	公	东	胡
B	西	六	海	一	号	二
C	七	育	滨	花	中	北
D	明	南	大	口	五	路
E	园	道	十	同	体	光

参考答案

1. 答案：共捕获了6种动物，5只熊，8只野猪，3只鹿，4只野兔，1只山羊，6只野鸡。

2. 答案：把27拆分成10+10+5+2，然后把10、10、5、2分别用古罗马数字表达出来，也就是XXVII。

3. 答案：-6。

4. 答案：四次考试的总分为92×3+96=372（分），平均分为372÷4=93（分）。

5. 答案：从最后的数字一步一步反推到最前面，注意运算符号相反，（99×2-98）÷4+7=32（岁）。

6. 答案："一打"是12支铅笔，8打就是96支。96÷7=13……5（支），因此每个孩子可分到13支铅笔，剩余的5支飞飞可留下自用。

7. 答案：估算时遇到如502这样的数字，可以把尾数去掉；遇到298这样的数字，可以补足为整数，也就是300。由此我们得到400+300+500+600+400=2200（人）。

8. 答案：花园路四号。